探索地震

湖北省防震减灾公共服务中心　编绘

防 震 减 灾　　　科 普 先 行

地震出版社
Seismological Press

图书在版编目（CIP）数据

探索地震／湖北省防震减灾公共服务中心编绘 . —北京：
地震出版社，2023. 10
（谆谆说防灾科普系列）
ISBN 978 – 7 – 5028 – 5555 – 0

Ⅰ. ①探…　Ⅱ. ①湖…　Ⅲ. ①地震 – 普及读物　Ⅳ. ①P315 – 49

中国国家版本馆 CIP 数据核字（2023）第 083921 号

地震版　XM4758/P(6383)

探索地震

谆谆说防灾科普系列

湖北省防震减灾公共服务中心 ◎ 编绘

责任编辑：范静泊

责任校对：凌　樱

出版发行：**地震出版社**

北京市海淀区民族大学南路 9 号

邮编：100081

发行部：68423031　68467991

传真：68467991

总编办：68462709　68423029

编辑四部：68467963

http://seismologicalpress.com

E-mail:zqbj68426052@163.com

经销：全国各地新华书店

印刷：河北文盛印刷有限公司

版（印）次：2023 年 10 月第 1 版　2023 年 10 月第 1 次印刷

开本：710×1000　1/16

字数：90 千字

印张：5.75

书号：ISBN 978 – 7 – 5028 – 5555 – 0

定价：32.00 元

编　委　会

前　言

　　《谆谆说防灾之探索地震》是一本以防灾减灾避险为主题的科普卡通绘本，由湖北省防震减灾公共服务中心组织创作，以原创科普微动画《科普 30 秒》为蓝本，该动画获得 2019 年度应急管理系统优秀科普作品优秀奖。

　　本书在形式上将地震科普知识与卡通漫画人物巧妙结合，通过四位主人公的场景切换，带领我们共同探索地震的成因、地震的发生、神奇的地震波、地球的内部结构、精密的地震仪器、地震预报等实用知识，并以不同的视角对剑走偏锋的地震冷知识进行了生动有趣的介绍。让读者从多个维度清晰地认识地震、了解地震常识。

　　本书在构思、策划、编写、查考资料等方面严格把关，编委会成员们在收集、整理资料过程中对重要的知识点追根溯源，逐一考证原始参考文献出处，力求内容准确、表述严谨，并力求语言活泼、精练，将深奥的知识以通俗的语言表述，辅以谚语形象化，力争引发读者的阅读兴趣。

　　本书经过多次修改后定稿，其间，得到了冯锐和韩晓光两位专家的多次指正和湖北省地震局的大力支持，在此一并表示感谢。希望本书的出版能帮助广大读者正确认识地震及其灾害，了解防震减灾基本知识，掌握防震避险技能。

　　毕竟，树立防灾减灾救灾新理念，防范化解地震灾害风险，须从你我做起。

目 录 CONTENTS

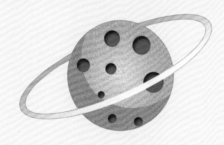

开/启/神/秘/探/地/之/旅

人物介绍

小谆谆

温和谦逊的小暖男。

人物标签：热爱地球科学，向往探索地球科学的奥秘，谈起地震科普知识如数家珍。

EQ博士

地震科学家，上通天文，下晓地理。

人物标签：大家对地震的各种疑问从博士的智慧解答中大多能得到想要的答案。

楚 楚

小谆谆的同学。

人物标签：活泼可爱，对各类自然科学知识充满了好奇，遇事沉着冷静。

地震兔

可爱的人工智能"机器兔"，肚子上神奇的显示器可查询各种科普知识资料，其装备红色双肩应急包能应对多种突如其来的自然灾害风险。

探索地震

什么是地震?

顾名思义,地震就是地球发生了振动。

板块 A

板块 B

地球上板块与板块之间相互挤压碰撞,造成板块边沿及板块内部产生错动和破裂,是引起地震的主要原因。

形象地比喻来说，地震就是地球生气了。

就跟人生气了一样，勃然大怒，气得发抖。

地球上每天都要发生上万次地震，每年五百多万次，真正对人类造成危害的大约几十次。

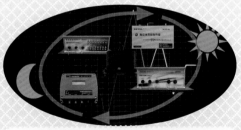

世界各地运转着数以千计的地震仪器，日夜不停地监测着地震活动的发生。

地震序列"家族"

小谆谆，我们经常听到"地震序列"这个词，到底是什么意思呢？

发生一次较强的地震前后，震中及其附近往往会连续发生一系列地震，地震学家把这一系列地震称为一个"地震序列"。

那么地球上所有地震序列都一样吗？

当然不是了。

在多数情况下，先发生的那个地震，震级最大，称为主震；后面跟着发生的那些较小的地震，称为余震。

地震学家再根据主震能量占总能量的比例、主震震级和最大余震的震级差等，一般将地震序列划分为孤立型、主震－余震型、前震－主震－余震型、震群型四种类型。

孤立型地震特点是没有前震。

有突出的主震。

余震次数极少、多数没有，与主震震级相差悬殊，地震能量基本上是通过主震一次性释放，主震所释放的能量占全序列的 99% 以上。

这种类型地震占全球地震活动的多数，主震震级的范围很宽，破坏性大，余震丰富，监测和预报困难。

主震-余震型地震

主震　最大余震

主震所释放的能量占全序列的 90% 以上。

0.7～2.0级

主震和最大余震震级相差 0.7～2.0 级，因地而异，最大强余震多数出现在主震后的一两天内，也有数月后发生晚期强余震的情况。

前震-主震-余震型地震

在我国，前震－主震－余震型的地震属于少数，特点是主震发生前有小震活动，主震强烈、危险性很高，余震丰富，整个序列会持续数月甚至数十年。

震群型地震

震群型地震的主要特点是整体强度不大、弱震众多、地区固定、经常复发，危险程度较低。

震群地震具有小震多且频度高的特点，能量的释放呈起伏状。

衰减缓慢，活动持续时间长，经常复发。

探索地震

从发震构造的角度而言，主震－余震型、前震－主震－余震型地震往往与板块和大陆活动块体的大型构造活动有关。

孤立型和震群型地震通常发生在区域性构造带。

地震发生后，及时判定地震类型对预报地震趋势（尤其是判断震后趋势）与防震减灾意义重大。

一次地震持续的时间是多长呢?

几分钟?

几小时?

几秒?

几天?

地震持续时间长短与震级大小和断层破裂长度有关。

震级大小

断层破裂长度

时间

震中距

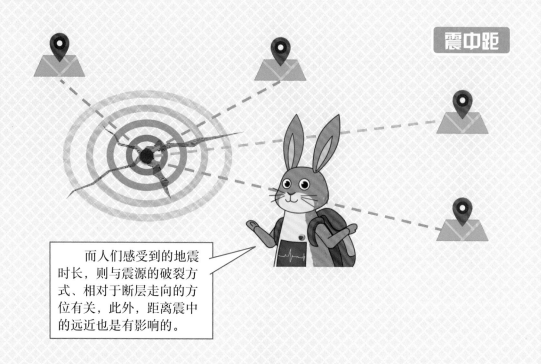

　　而人们感受到的地震时长，则与震源的破裂方式、相对于断层走向的方位有关，此外，距离震中的远近也是有影响的。

6.0 级地震

　　比如 6.0 级地震会持续十几秒钟，因为断层破裂过程非常快。

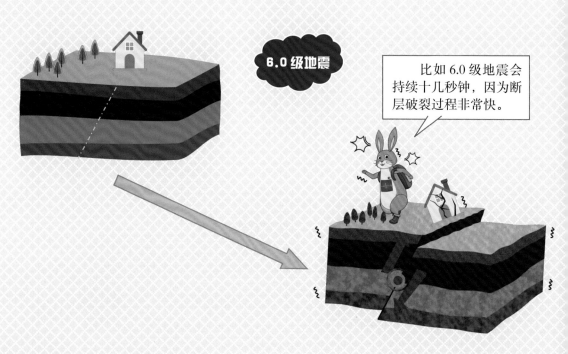

地震活动的周期性

地震的发生是受板块运动状态控制的，某一段时间里，板块运动发生强烈调整和位错，集中释放累积的应变能量，于是表现出了地震活动的高发期。

地球在不停地运动，高发期和平静期也就表现出了交替重复的特点，掌握这个周期性，对防震减灾很有意义。

科学家对历史和现今大量地震资料进行了统计。

　　研究发现地震活动在时间上的分布是不均匀的。2004年印度尼西亚地震海啸后，相继在中国汶川（2008年）、海地太子港（2010年）、日本东海（2011年）发生大地震，就是一种全球地震高发期的表现。

地震带的活动周期可分为几十年的短周期以及几百年、上千年的长周期。

不同地震带的地震周期也不尽相同。

环太平洋地震带

欧亚地震带

海岭地震带

全球主要地震带分布图（示意图）

每个高发期均可能发生多次 7 级以上大地震，甚至 8 级及以上特大地震。

地震的发生与活动断层有关吗?

活动断层与地震的关系十分密切,是引发构造地震的直接原因。

断层

在构造活动作用下,地下岩层沿一个破裂面或破裂带两侧发生相对位移,长期积累起来的能量在瞬间急剧释放。

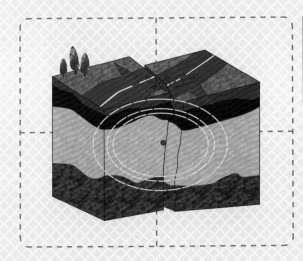

巨大的能量以地震波的形式由震源向四面八方传播出去，引起地表的振动，该处就发生了地震。

活动断层的规模和发育位置也各有不同，大者可沿走向延伸数百千米，小者只有几十厘米；明显的活动断层出露地表或近地表处，隐伏的活动断层则被松散沉积物覆盖，在地表没有醒目迹线。

出露地表的活动断层

隐伏的活动断层

地震破坏程度与哪些因素有关?

距离远近

地质条件

震级大小

震源深度

地震的破坏程度与震级大小、距离远近、震源深度和当地的地质条件密切相关。

震级越大、距离震中越近、震源深度越浅、地基越松软,造成的破坏也就越严重。

震源

就地震灾情和紧急救援的难度而言，还与地理环境、建筑物抗震能力、人口密度等因素相关。

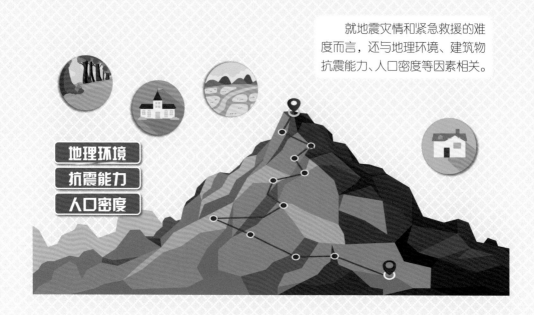

地理环境
抗震能力
人口密度

建造房屋时应尽可能避开活动断层区域，提高房屋抗震设防能力，有效减轻和避免地震灾害。

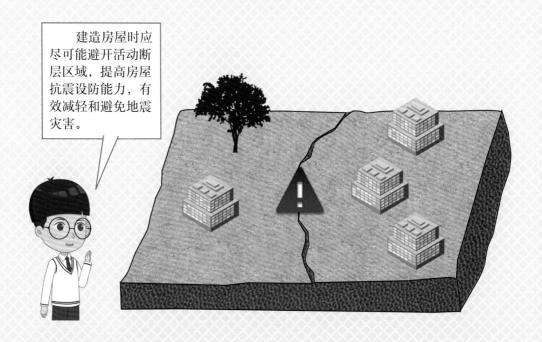

全球地震活动

全球大部分地震发生在大板块构造的边界上，一部分发生在板块内部的活动断裂上。根据全球构造板块学说，地壳被一些活动构造带分割为彼此相对运动的板块，规模有大有小。

六个大的板块为：太平洋板块、欧亚板块、非洲板块、美洲板块、印度洋板块和南极板块。

经科学研究，全球主要地震活动带有三个：

- 环太平洋地震带：分布在太平洋的周边地区，包括南美洲的智利、秘鲁，北美洲的危地马拉、墨西哥、美国等国家的西海岸，阿留申群岛、千岛群岛、日本列岛、琉球群岛以及菲律宾、印度尼西亚和新西兰等国家和地区。这个地震带是地震活动最强烈的地带，全球约80%的地震都发生在这里。

- 欧亚地震带：从欧洲地中海经希腊、土耳其、喜马拉雅山脉延伸到太平洋，也称地中海－喜马拉雅地震带，全长两万多千米，跨欧、亚、非三大洲，在此发生的地震约占全球地震的15%。

- 海岭地震带：分布在太平洋、大西洋、印度洋中的海岭（海底山脉）。

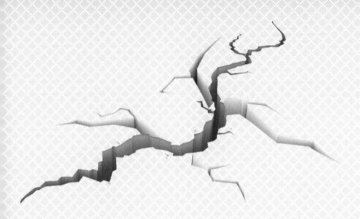

不得不提的
地震波

地震波——射向地球内部的"一束光"

地震波是目前人类所知唯一能穿透地球内部的波。

地震波　地球

每一次大地震发生，造成人员伤亡和财产损失的同时，也为人类征服这种灾难、探索不可见的地球内部结构留下了一份珍贵的资料。

科学家们通过对记录到的地震波进行解译，从而更好地帮助我们了解地球的运动规律。

解译结果可以探明地球的内部构造。

伽利津（1862—1916 年）

现代地震学的创始人之一伽利津有句名言，"可以把一次地震比作一盏明灯，它点燃的时间虽短，但可以照亮地球内部"。

地震波探地奇旅之莫霍面

克罗地亚

1909 年深秋，克罗地亚首都萨格勒布市南部，发生了一次 6 级左右的地震。

莫霍洛维奇（1857—1936 年）

地震发生后，地球物理学家安德烈·莫霍洛维奇对该次地震进行了研究。

他根据近震初至波的走时，发现地球内部可能存在一个速度间断面。

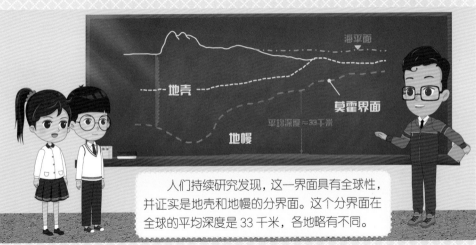

人们持续研究发现，这一界面具有全球性，并证实是地壳和地幔的分界面。这个分界面在全球的平均深度是33千米，各地略有不同。

人们为了纪念莫霍洛维奇先生，称此界面为"莫霍不连续面"，简称"莫霍面"。

地震波探地奇旅之古登堡面

1914 年，美籍德裔学者古登堡在研究地震波传播时发现了继莫霍面后另一个特殊的不连续界面。

地壳
莫霍面
地幔
外核
古登堡面
内核

地震名词

在地球岩层内部传播的地震波叫地震体波，包括地震纵波和地震横波。

振动方向与传播方向一致的称为地震纵波（即 P 波）。

振动方向与传播方向垂直的称为地震横波（即 S 波）。

该界面从莫霍面向下，到地下 2900 千米处纵波速度降低了，而横波则完全消失。

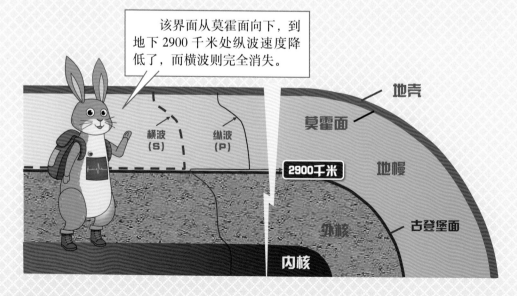

横波（S）　纵波（P）

地壳
莫霍面
2900千米
地幔
外核
古登堡面
内核

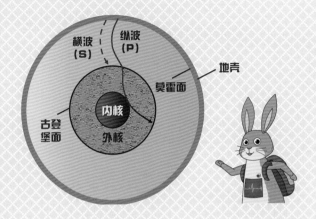

后证实这是地核与地幔的分界面，人们为了纪念这位科学家，故称为"古登堡面"。

本诺·古登堡（1889—1960年）

古登堡面

地幔

地核

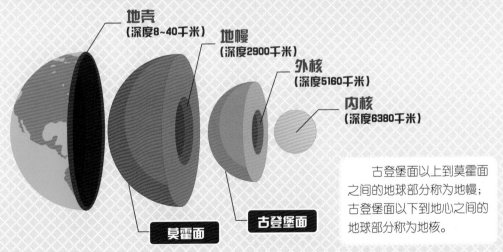

地壳
（深度8~40千米）

地幔
（深度2900千米）

外核
（深度5160千米）

内核
（深度6380千米）

莫霍面

古登堡面

古登堡面以上到莫霍面之间的地球部分称为地幔；古登堡面以下到地心之间的地球部分称为地核。

地震波探地奇旅之地核

地核是地球的核心部分。

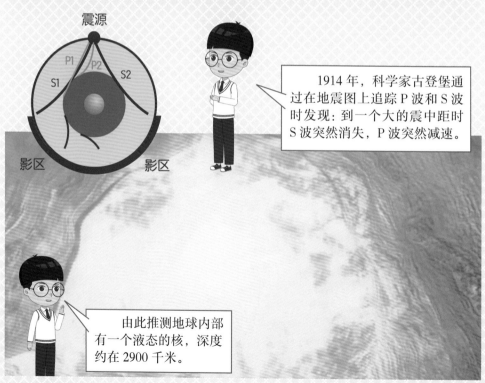

1914年，科学家古登堡通过在地震图上追踪 P 波和 S 波时发现：到一个大的震中距时 S 波突然消失，P 波突然减速。

由此推测地球内部有一个液态的核，深度约在 2900 千米。

固态内核与月球大小相近，与太阳表面温度相似。

地幔

地壳

地核

通过进一步研究发现，内核其实是随着地球逐渐冷却从液态的外核析出而形成的球体，主要成分是铁镍合金。

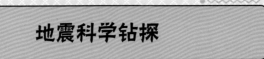

地震科学钻探

在利用地震波给地球做"CT检查"之后，人们萌生了更大胆的想法——开展地球科学钻探，打造伸入地球内部的望远镜！

地球科学钻探是通过钻孔获取岩芯及岩层中的流体（气体和液体）进行地球物理测井，并在钻孔中安放仪器进行长期观测。地球科学钻探可分为大洋科学钻探、大陆科学钻探、大陆环境科学钻探、湖泊钻探和极地钻探等多个领域。

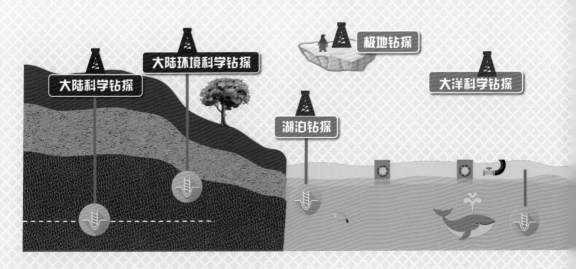

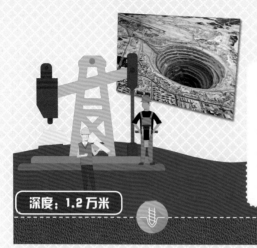

科拉超深科学钻

20世纪80年代，美国、苏联、欧洲、加拿大先后发起了地壳探测计划（COCORP）、科拉超深科学钻、欧洲探测计划（EUROPROBE）和岩石圈探测计划（LITHOPROBE）。苏联完成的科拉超深科学钻的钻进深度达到1.2万米。

深度：1.2万米

地震仪

中国大陆科学钻探工程（CCSD）

我国2000年启动了中国大陆科学钻探工程（CCSD），在位于江苏东海县5158米深的"亚洲第一井"安装了中国大陆第一台深井地球物理综合观测仪，这是目前世界上最深的地震仪。

深度：5158米

汶川地震断裂带科学钻探（WFSD）

该工程获得了探索地震机制极为珍贵且高质量的岩芯，并确定了汶川地震主滑动面的确切位置。

岩芯

我国的"汶川地震断裂带科学钻探（WFSD）"是世界上最快回应大地震的科学钻探，在2008年汶川8.0级地震发生后第178天即开始第一井钻探。

不同历史时期人类对地球内部构造的认识

1906 年，英国地球物理学家奥尔德姆（R.D.Oldham）以地震波穿过地球的时间推断整个地球的内部构造。

1909 年，莫霍洛维奇（Andrija Mohorovicic）根据近震初至波的走时，发现了莫霍界面，莫霍界面以上的部分称为地壳，以下的部分称为地幔。

1914 年，古登堡（Beno Gutenberg）根据地震体波"影区"确认了地核的存在，并测定了地幔和地核之间的间断面——古登堡面，其深度为 2900 千米。

1936 年，莱曼（Leham）通过对体波"影区"的进一步研究，发现了在液态的地核中还有一个固态的地球内核。

1996 年，地球物理学家宋晓东（Song Xiaodong）通过研究穿过地核的地震波推断出内核旋转速度要比外核快，这个发现进一步加深了人类对地球的认识。

1909 年
莫霍洛维奇（Andrija Mohorovicic）

莫霍洛维奇根据近震初至波的走时，发现了莫霍界面，莫霍界面以上的部分称为地壳，以下的部分称为地幔。

1936 年
莱曼（Leham）

莱曼通过对体波"影区"的进一步研究，发现了在液态的地核中还有一个固态的地球内核。

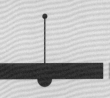

1914 年
古登堡（Beno Gutenberg）

古登堡根据地震体波"影区"确认了地核的存在，并测定了地幔和地核之间的间断面——古登堡面，其深度为 2900 千米。

1906 年
奥尔德姆（R.D.Oldham）

英国地球物理学家奥尔德姆从地震波穿过地球的时间推断整个地球的内部构造。

1996 年
宋晓东（Song Xiaodong）

地球物理学家宋晓东通过研究穿过地核的地震波，推断出内核旋转速度要比外核快，这个发现进一步加深了人类对地球的认识。

实用的" 救命"
地震知识

你了解地震预报吗?

地震发生前……

时空强

地震次数

地震预报

影响场

其他因素

地震预报是一种科学推测，地震活动的不确定性决定了预报意见总是概率性质的决断。

地震预报涉及未来地震的时空强、次数和影响场等参数。

地震预报分中长期和短临两大类，服务于不同场合。

短临预报

中长期预报

目前，地震预报主要是从三个方面展开的。

地震预报

地震地质研究

统计物理分析

地球物理监测

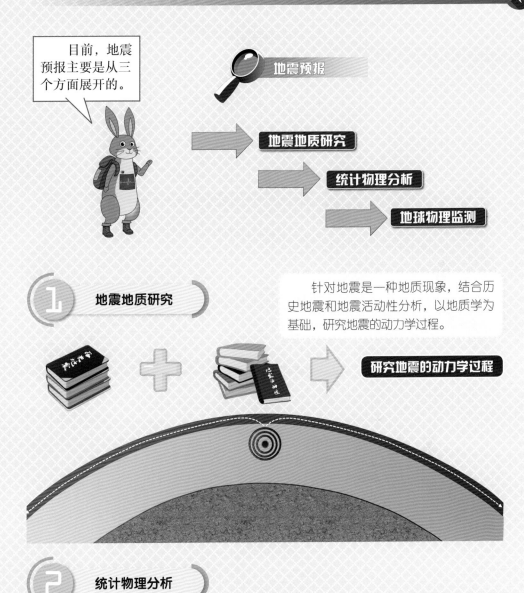

1 地震地质研究

针对地震是一种地质现象，结合历史地震和地震活动性分析，以地质学为基础，研究地震的动力学过程。

研究地震的动力学过程

2 统计物理分析

针对地震活动的不确定性，提取和综合多种地震本身的活动信息，利用大数据技术探索发震过程的统计规律。

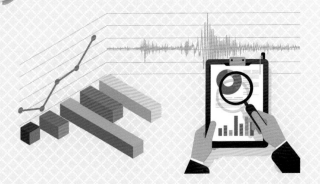

3 地球物理监测

地震发生前，无论在震源和它的影响场里都会产生相应的变化，可利用重磁电震、流体、生物等多种手段的监测信息，发现异常、提取前兆、预报地震。

多种手段监测

重磁电震
流体 ——> 发现异常 ——> 提取前兆 ——> 预报地震
生物
......

这三种方法都有局限性，需要进行综合分析和总结，不断提高地震预测的可行性、有效性。

综合分析   总结

超级灵敏的地震仪

人体对地震产生振动的感知标准不一。

记录

地震仪则能客观而及时地将地面的振动记录下来。

地震计

采集器

目前广泛使用的数字地震仪，由地震计和数字采集器两部分构成。

地震计原理

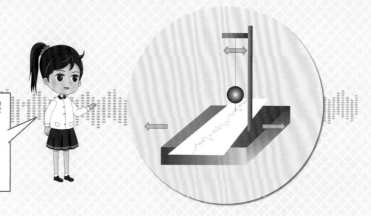

地震计采用摆的惯性原理制成，地震发生时地面振动而摆的重锤保持静止状态不动。

地震数字采集器将地震计输出的模拟信号转换为数字信号，数字信号经计算机自动分析处理得出一次地震发生的时间、位置和震级。

数字采集器工作原理

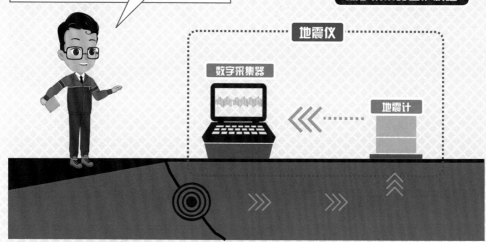

地震仪

数字采集器

地震计

地震波波形示意图

地震仪记录下来的振动是一条具有不同起伏幅度的曲线，曲线起伏幅度与地震波引起地面振动的振幅相应，标志着地震的强烈程度。

为什么说地震预报是世界性科学难题?

地震预报之难主要源于地震活动本身的不确定性。

一是地震活动本身具有随机性和非频发性

地震物理过程在从宏观至微观的所有层面上都很复杂，时间空间强度上具有难以把握的随机性。

几十年……
几百年……
上千年……
……

强震是小概率事件，在人类监测的时段内表现出罕见、偶发的特点。强震的孕育过程和复发活动周期需要几十年或几百年。

二是地震的发生具有临界特点

地质环境处于非稳定状态，临界状态的坍塌是被小概率事件触发的——具有蝴蝶效应。

何谓蝴蝶效应？"蝴蝶轻轻扇动翅膀，就能让地球的另一端带来飓风"。

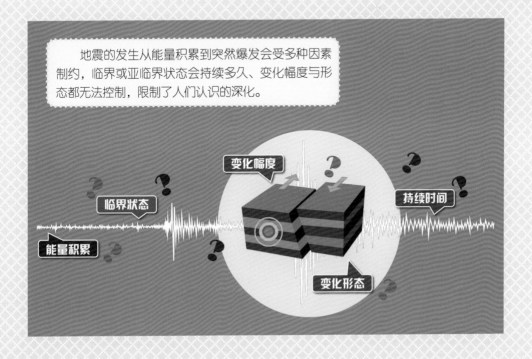

地震的发生从能量积累到突然爆发会受多种因素制约，临界或亚临界状态会持续多久、变化幅度与形态都无法控制，限制了人们认识的深化。

变化幅度

临界状态

持续时间

能量积累

变化形态

三是发震环境具有演化特点

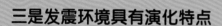

任何一次地震发生后，周围的应力场和介质条件都改变了，地质块体的运动和应力汇聚点也会发生新的调整。

地震活动并不总是发生在某个断裂带或某一地区，发震的地点和强度具有迁移性。

四是人类对地震的认知尚待探索

限于目前科学技术水平，比如对直接观测问题、剔除天体和气候的变化等多种因素对地震前兆信息的干扰、揭示地壳复杂的结构与前兆间的内在联系等重点问题，都是难以攻克的难关，因此地震预报仍是世界性科学难题。

"路漫漫其修远兮，吾将上下而求索"，实现地震预报可能还需要几代地震工作者的持续努力。

什么是地震预警？

地震发生时，会同时激发出纵波（P波）和横波（S波）。地震波90%的能量都是分布在横波（S波）上，它的振动又是在水平方向，于是成为建筑物倒塌的根本因素、地震破坏的元凶，也是抗震减灾所必须防范的首要目标。

震中 横波 纵波

但是纵波（P波）比横波（S波）跑得快，比如就像我与龟弟赛跑。

地震预警是在强地震发生后，地震台收到纵波（P波）信号后快速判断出地震，向远处的人们发出警报。

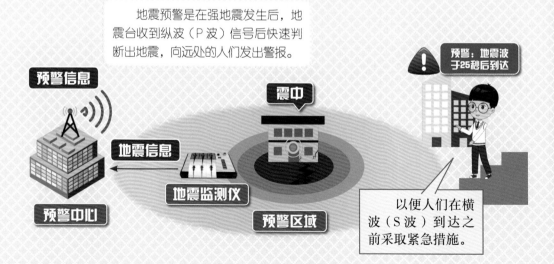

预警信息

地震信息

地震监测仪

预警中心

预警区域

震中

预警：地震波于25秒后到达

以便人们在横波（S波）到达之前采取紧急措施。

地震预警对象：重大设施与生命线工程

核电站

高铁

超高层

地震预警的主要对象是重大设施与生命线工程，如核电站、高铁、地铁、超高层建筑等。

地震预警系统自动化

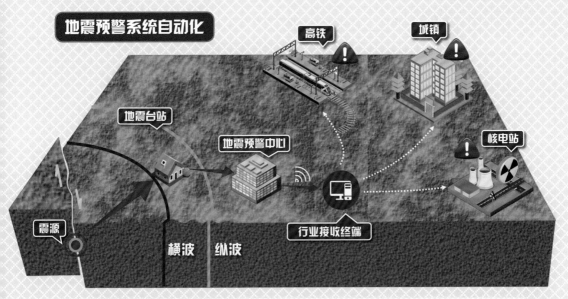

高铁

城镇

地震台站

地震预警中心

核电站

震源

行业接收终端

横波　纵波

地震预警系统逐步实现自动化，比如当某座城市收到地震预警信息后，高铁会自动停止运行以免脱轨，核电站会自动停堆，高层建筑会发出警报使人员紧急避险，电梯也会紧急自动停运。

地震的快速判断

遇到地震要镇静。所谓"镇静"，就是"先判断，后行动"。

快速判断的要点有两个：
一、是不是地震?
二、是不是近震?

一、是不是地震？

引起地面振动的因素很多，人行车走、刮风下雨、工业施工等只能激发纵波（P波），故而地面以上下颠动颤抖为主。

振动方向

振动方向

振动方向

振动方向

唯地震十分特殊——它由地球内部唯一能够产生横波（S波）的震源产生，地面运动是以水平摇晃为主，会造成人员站不住，房倒屋塌。

振动方向

纵波 P　　横波 S

波的传播方向

质点振动方向

震源

分辨率强

灵敏度极高

24小时不间断

验震器

千百年来，人们判断震感普遍采用最简便、最有效的方法就是观察吊灯。一般来说，头顶上的吊灯若不摇晃，我们就可以判断要么没有地震，要么地震很远或很弱。

地震学的专用仪器——验震器也是据此原理制造的，早有两三百年历史啦！

地震谚语

地震没地震，
抬头看吊灯。
吊灯不晃，
心中不慌。

二、是不是近震？

远震

近震

造成危害的通常是近震，因此防范、有效应对近震危害是公众最关心的问题。一般远震是不需要恐慌的。

远震

区别近震和远震的方法也简单：远震以地面缓慢摇晃、人感眩晕、高层强烈、低层无感的现象为主，因为高频的纵、横波已经衰减掉，主要是低频的面波在发挥作用。

震源

地震谚语 慢慢晃，慢慢摇，九十里外等着瞧。

低频面波

近震

如果遇到的是近震，不管强烈与否都必须立刻躲避，因为存在续发地震的危险。

震源

近震常伴随大量的紧急现象，如：强烈颠簸、门窗作响、通信信号混乱、地声频频等。

地震预报、地震预测与地震预警的区别

地震预报
（地震发生前）：
对未来破坏性地震发生的时间、地点、震级、地震影响的预测，通常主要指临震预报向社会的公开发布。

地震预测
（地震发生前）：
地震预测是基于科学的观测和推理，是以长期和中短期预报为主的一种专业性的科学决策行为。

地震预警
（地震发生后）：
利用地震纵波速度快于横波速度、电磁波速度快于地震波速度的特点，争取到短暂的时间提前量发出警报。

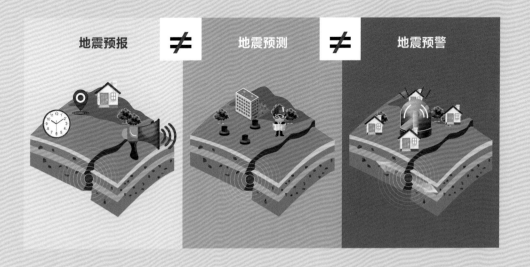

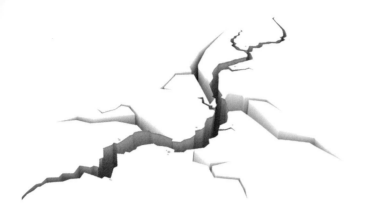

剑走偏锋的地震冷知识

地震微观异常和宏观异常

地震前自然界常常会出现某些与发震有关的现象，这些前兆现象既有微观的，也有宏观的。

微观异常

地震活动异常
地壳形变异常
地磁场变化
地下流体变化

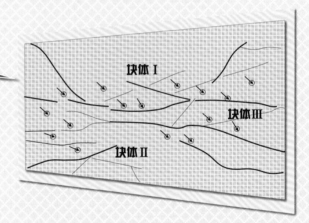

块体 I

块体 III

块体 II

地震微观异常需要用仪器才能观测到，比如地震活动异常、地壳形变异常、地磁场变化和地下流体变化等。

宏观异常

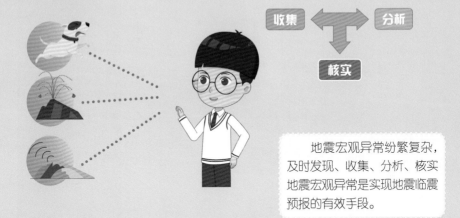

收集　分析

核实

地震宏观异常纷繁复杂，及时发现、收集、分析、核实地震宏观异常是实现地震临震预报的有效手段。

宏观异常一：动物行为异常

人和动物的感官也能察觉到自然界的某些宏观异常，因岩体在破裂的临界状态下会发生微破裂、声发射、尖端放电、电磁波脉冲、静电场扰动等现象，这些会引起动物的行为出现骚动不安或忧郁发呆的异常。

地震谚语

震前动物有预兆，群测群防很重要。

宏观异常二：河水涨落异常

也会引起井、泉、河水异于寻常的涨落变化，以及地声轰鸣、超声波或超低频次声波的传播等等。

河水发生奇怪的涨落了！

总之，对广大农村和山区的公众而言，关注宏观异常有普遍的现实意义，不仅有助于个人及时采取应急处理措施，也能为专业队伍的临震预报提供宝贵信息。

大家切记，要排除干扰，多做对比分析。

地下水异常与地震有关吗

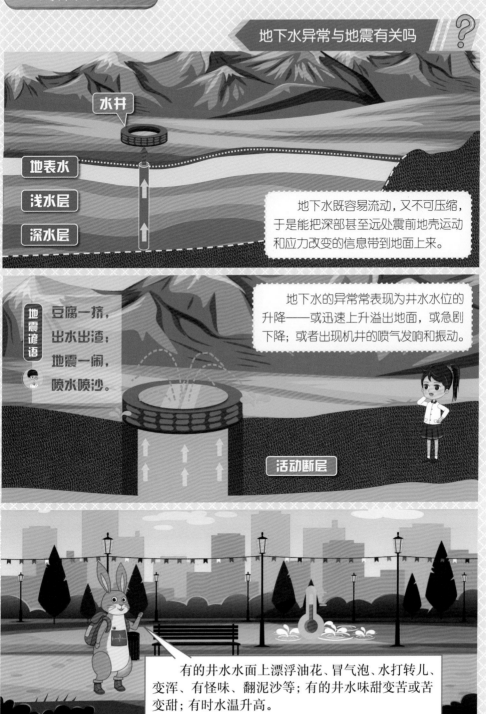

水井

地表水

浅水层

深水层

地下水既容易流动，又不可压缩，于是能把深部甚至远处震前地壳运动和应力改变的信息带到地面上来。

地下水的异常常表现为井水水位的升降——或迅速上升溢出地面，或急剧下降；或者出现机井的喷气发响和振动。

地震谚语

豆腐一挤，出水出渣；地震一闹，喷水喷沙。

活动断层

有的井水水面上漂浮油花、冒气泡、水打转儿、变浑、有怪味、翻泥沙等；有的井水味甜变苦或苦变甜；有时水温升高。

山涧泉水
还会异常增多
或干涸断流。

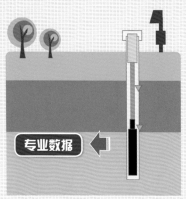

专业数据

发现异常莫慌张，
及时上报有准备。
如若异常又加剧，
应急措施要考虑。

请大家注意：尽量使用深井和专用监测井的数据，尽量排除气象因素的干扰和人为用水量的变化。

动物异常与地震有关吗

动物的某些器官特别灵敏，地震前，由于大地震物理场、化学场发生改变会导致产生一系列的振动，相应地引起电、磁、地温等变化，动物的某种感觉器官就会受到刺激，从而导致行为异常。

震源

地震谚语

冰天雪地蛇出洞，大鼠叼着小鼠跑。

很多动物在地震前都有明显的异常反应，比如在严冬季节蚂蚁惊慌搬家或蛇、鼠集体搬家等。

地震谚语：兔子竖耳蹦又撞，游鱼惊慌水面跳。

鱼塘出现鱼"浮头""跑马病""跳水""蹦岸"等现象。

地震谚语：牛羊骡马不进厩，猪不吃食狗乱叫。

禽类无缘无故地鸣叫、乱跑乱飞、飞上房顶、树梢等；鼠、狗、猪、牛、马、羊等哺乳动物惊慌不安，不进食、不睡觉，甚至刨地拱圈、越栏而逃等，都有可能是地震宏观异常。

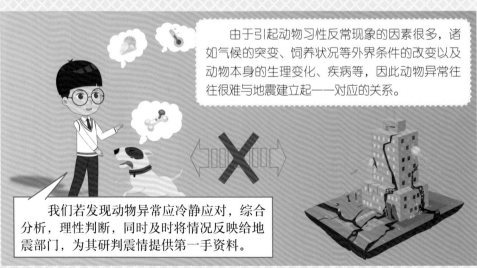

由于引起动物习性反常现象的因素很多，诸如气候的突变、饲养状况等外界条件的改变以及动物本身的生理变化、疾病等，因此动物异常往往很难与地震建立起一一对应的关系。

我们若发现动物异常应冷静应对，综合分析，理性判断，同时及时将情况反映给地震部门，为其研判震情提供第一手资料。

地声与地震有关吗 ?

地震发生之前……

地声

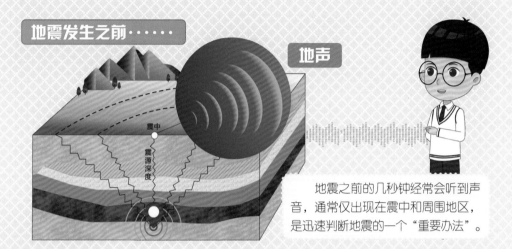

震中

震源深度

地震之前的几秒钟经常会听到声音，通常仅出现在震中和周围地区，是迅速判断地震的一个"重要办法"。

地震前，地壳中岩体的脆弱部位首先发生断裂或擦滑而引起的声现象叫作地声。

地声是如何形成的呢?

砰!

地震谚语
八方来响，
在这甭讲。

微破裂同时发生

由于地声分布面积很广，随着震前大量微破裂的同时发生，震中区附近的人一般不可能判断出地声传来的方向——好似被四面八方从地下袭来的声响所包围，或听到"当头雷"的巨响。

1976 年唐山 7.8 级地震出现了明显的地声现象：大震发生前，北京地区能听到轰轰的声响，剧烈的地动伴随着沉闷低沉的声音随之到来。

响了就震，震了就晃。

约 170 千米

唐山7.8级地震

北京

地声多出现于临震前 10 分钟以内，个别地声出现于几小时之前。地声出现的范围可达到距震中 300 千米处，但越接近震中区越多。

雷声

春　　　夏

雷电/雷暴

发现地声后，要注意排除掉人为振动源和雷暴的可能性，及时判断选择避险。

地声

地声和人们日常生活中经常能听到的声音有明显的区别，比如传来方向、发生时间、声音特点等。地声虽似雷暴轰鸣，但雷声只出现在春夏季节，而地声没有时间规律；雷声之后必现闪电，方向性强、有传来离去的特征，而地声的传播方向却十分混乱，多半声音沉闷，而且震级越大越沉闷、声音也越大。

春　　　夏

秋　　　冬

地震的发生与天气有关吗

多年来,有人推测在温暖、潮湿的天气中会更频繁地发生地震。

据统计,地震的发生遍及全年所有季节。

白天和黑夜。

科学家们也多次研究了"地震天气"这个命题，但并未发现地震和天气之间的直接联系，不过，在个别大地震前曾经观测到较大范围的电离层扰动和电磁异常现象。

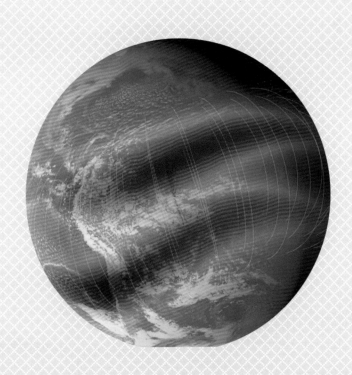

月球上有月震吗？

在到达月球之前，人们一直认为月球是个"死寂"的世界。

1969 年的"阿波罗"登月探测，首次把测震仪安置到月面。

宇航员在月球的不同角落置放了5台月震仪。

月震仪能连续向地球发回月震的记录。

从此,人类开始了月震观测与研究。

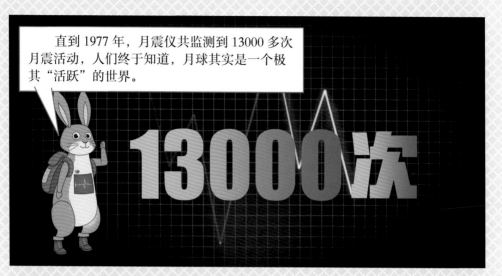

直到 1977 年，月震仪共监测到 13000 多次月震活动，人们终于知道，月球其实是一个极其"活跃"的世界。

13000次

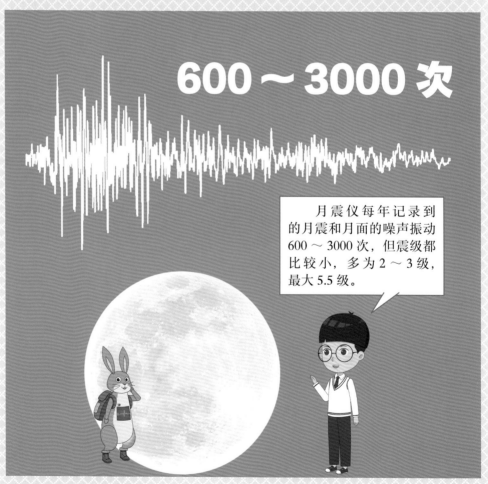

600～3000 次

月震仪每年记录到的月震和月面的噪声振动 600～3000 次，但震级都比较小，多为 2～3 级，最大 5.5 级。

月震和地震有什么不同？

 月震持续时间比地震更长

同样一个小震在地球上持续几秒，在月球上要持续 10 ～ 60 分钟。

月球具有非常低的弹性波传播损耗，科学家认为可能与月球上缺水和岩石的破裂性质有关。

月震释放的能量远小于地震

月震的震级一般都很小，深部的月震震级一般为 1～2 级；浅部的月震震级会大一些，曾记录到 3～4 级的月震。

月震的震源更深

地震的震源深度仅几千米到 600 多千米，地震主要发生在地幔上部和地壳中。

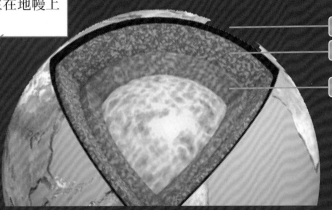

地壳

地幔

地核

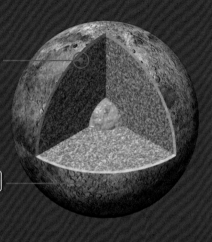

深源月震

浅源月震

月球的半径只有 1737 千米，月震分浅源和深源两种：浅源的深度 20～100 千米，为数较少；深源的深度 700～1000 千米，在发生的月震中占大概率。

月震的成因与地球不同

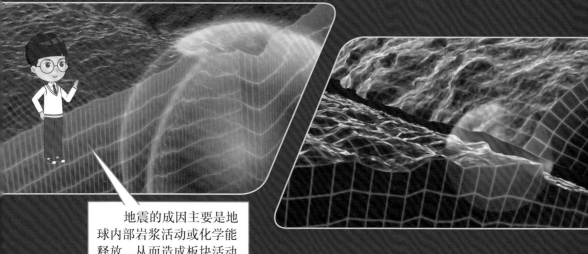

地震的成因主要是地球内部岩浆活动或化学能释放，从而造成板块活动或岩石破裂。

除此之外，太阳系内的陨石彗星撞击月球，也可以造成月球表面的噪声振动。

而月球上不存在板块构造，月震的成因不仅是太阳和地球的起潮力，也与深部温差的变化有关。

世界史上的地震之最

震级最大：1960 年 5 月 22 日智利 9.6 级地震。

震源深度最大：1934 年 6 月 29 日印度尼西亚苏拉威西岛东 6.9 级地震，震源深度达 720 千米。

遇难者最多：1556 年 1 月 23 日中国陕西华县 8 级地震。史载"压、溺、饥、疫、焚而死者八十三万有奇"。

震中最靠北：2017 年 10 月 28 日法兰士约瑟夫地群岛以北海域的 5.8 级地震。震中不仅位于北极圈内，而且接近北极点。

地震造成的次生火灾最严重：1923 年 9 月 1 日日本关东 7.5 级地震。火灾中死亡人数占遇难总人数 14.2 万的 9/10。

地震海啸最惨：2004 年 12 月 26 日印尼苏门答腊西 9.1 级地震。此次海啸冲击了印度洋沿岸十几个国家，22.8 万人死亡。